数学简史

探秘之旅

2 时间方位

有道乐读编委会 著·绘

本书编委会

编　者：闫佳睿　崔　瑶　王丹丹

绘　者：闫佳睿

电子工业出版社
Publishing House of Electronics Industry
北京·BEIJING

图书在版编目（CIP）数据

数学简史探秘之旅. 时间方位 / 有道乐读编委会著、绘. --北京：电子工业出版社，2022.12
ISBN 978-7-121-44676-4

Ⅰ.①数⋯　Ⅱ.①有⋯　Ⅲ.①数学－少儿读物　Ⅳ.①O1-49

中国版本图书馆CIP数据核字（2022）第238090号

责任编辑：李黎明
印　　刷：北京盛通印刷股份有限公司
装　　订：北京盛通印刷股份有限公司
出版发行：电子工业出版社
　　　　　北京市海淀区万寿路173信箱　邮编：100036
开　　本：720×1000　1/16　印张：18.5　　字数：177.6千字
版　　次：2022年12月第1版
印　　次：2023年5月第4次印刷
定　　价：109.00元（全3册）

凡所购买电子工业出版社图书有缺损问题，请向购买书店调换。若书店售缺，请与本社发行
部联系，联系及邮购电话：（010）88254888，88258888。
质量投诉请发邮件至zlts@phei.com.cn，盗版侵权举报请发邮件至dbqq@phei.com.cn。
本书咨询联系方式：（010）88254417，lilm@phei.com.cn。

角色档案

正面：

可接收或发射信号，可以伸缩

金属外壳，质地坚硬

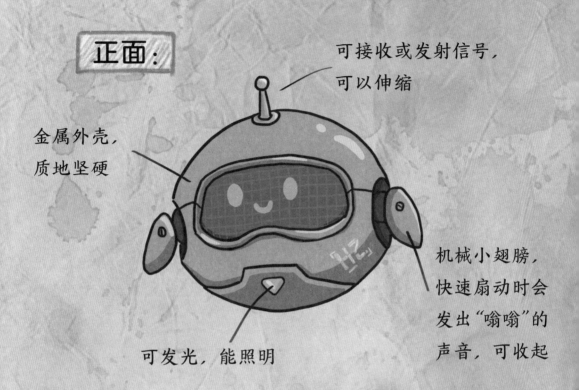

机械小翅膀，快速扇动时会发出"嗡嗡"的声音，可收起

可发光，能照明

背面：

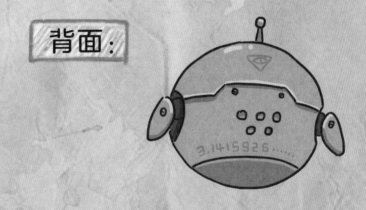

蛋黄派

一个拥有丰富知识的智能机器球，弱点是害怕黑暗，出生于地球的某个地方。编号为3.1415926…，因编号太长不好记，小狸为它取名为"蛋黄派"。

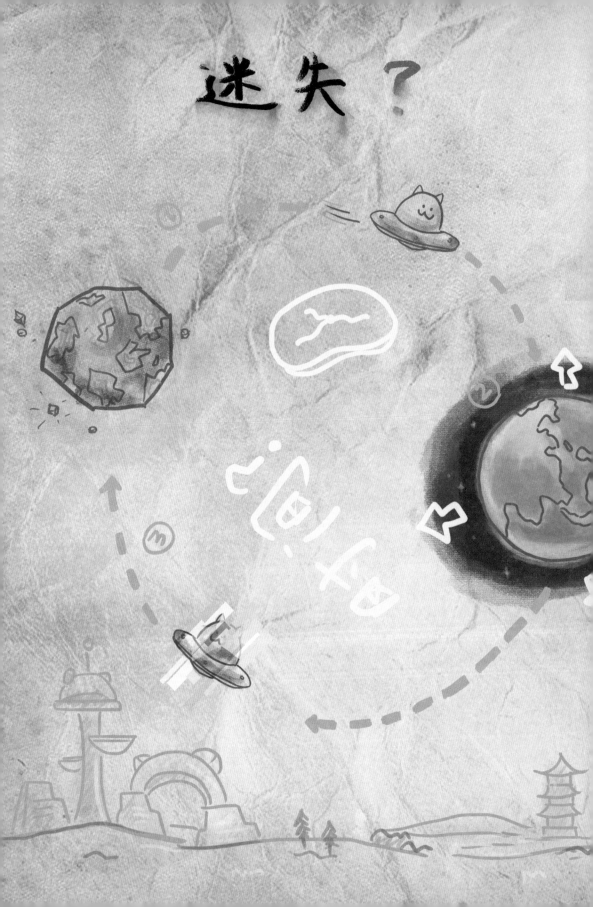

神秘的伙伴寻求帮助？

飞船时间错乱？

小狸接下来还会经历怎样的

冒险旅程？

这里记录了一切……

快！

打开日记本，跟着小狸一起

开始冒险的旅程吧！

目录

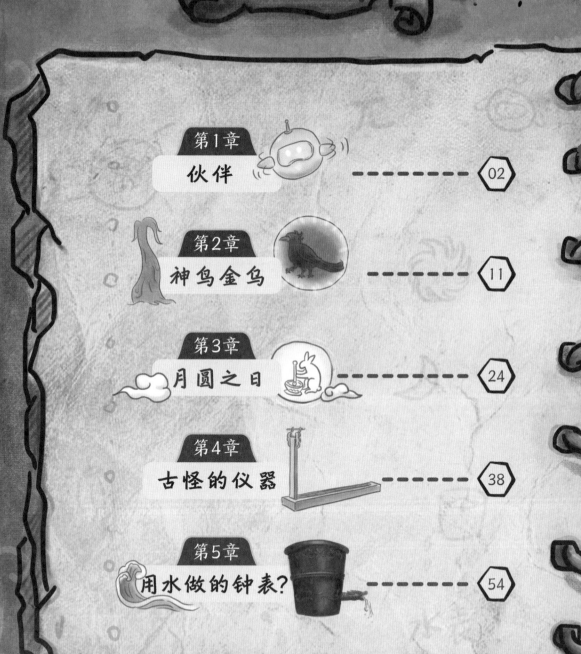

📄 第1章

伙伴

地点：数学星球　天气：晴

　　我趴在书桌上睡得正香，**半梦半醒**中，传来一个熟悉而陌生的声音。我艰难地睁开眼睛，隐约中看见一个圆圆的东西飘浮在半空中，闪着诡异的**蓝绿**色光……

　　"啊！"我惊叫了一声，猛地清醒过来。我揉了揉眼睛，怀疑自己在做梦，于是，我使劲儿掐了一下胳膊。

"哎呦！好疼，嘶……"

我被自己掐得直咧嘴，这才确定，原来这一切并不是梦。这个和足球差不多大的机器球，正在快速扇动着它的小翅膀，在我面前上下浮动。原来那奇怪的声音，就是它扇动的翅膀发出来的。

"你……你……你……你是谁？怎么跑到我家里来了？"

我大吃一惊，由于紧张过度，我竟然有些结巴，一边说，一边警惕地向后退了几步。

只见那个球眨了眨显示屏里的眼睛，突然开口说话了！

"我只记得我被黑洞突然卷了进去……"

"黑洞？"难道它和我一样也遭遇了黑洞？

突如其来的好奇心使我放松了警惕，我疑惑地看着它。

黑洞？

　　这只会飞的球告诉我，它来自地球，但不知为什么突然遇上了**黑洞**，被卷入了另外的时空里，而且丢失了很多记忆，再也回不去了。它看到我之后，对我有一种特别的感觉。

　　"哦——这么说，自从遇到我之后，你就一直跟着我吗？"

　　"嗯。"

　　"那你叫什么名字呢？"

　　"我的编号是 31415926 5358 9793 23846……"

　　"哎……等等等等等一下……"

　　我打断了它，这编号也太长了吧？如果每次叫它都要先说这么长的编号，那也太麻烦了！

　　"3——1——4——1——5——9——2——6……"

　　我一边**自言自语**，一边思考着。

这个编号还挺特别，和圆周率差不多。我又抬头看了看它，它长得圆圆的，像个黄色的球，于是我突发奇想。

"不然，我就叫你'蛋黄派'吧！"

"嗯嗯！蛋黄派！我喜欢这个名字！"

"哈哈，我叫小狸，那我们就是伙伴啦！"

认识了蛋黄派这个好朋友之后，我决定帮助它回家！一想到又要踏上新的冒险旅程，一股沸腾的热血便涌上了我的心头。

我整理了一下路上所需的装备，然后让蛋黄派暂时藏到我的书包里，准备出发。

没想到它看着不大，还挺占地方，**勉勉强强**才能把它塞进我的书包里。

塞

　　我慢慢地打开卧室的门，小心翼翼地将**鼓鼓囊囊**的书包藏在身后。

　　"妈妈，我去帮你倒垃圾，嘿嘿。"

　　倒垃圾只是一个借口，趁着爸爸妈妈还没反应过来，我已经提着垃圾袋跑出门外了。我抱着书包来到了地下室，启动了飞船。

　　"好了，出来吧。"

　　蛋黄派扑扇着小翅膀，一下子从书包里冲了出来，一脸委屈。

　　"啊——总算可以出来了——啊——憋死我了——呼！"

　　它的样子实在太滑稽了，明明是个机器球，却弄得自己像要窒息了一样。

观察

　　"哈哈哈哈！蛋黄派，难道你也需要呼吸空气吗？"

　　话音刚落，只见它显示屏的左右两侧竟然出现了红晕。

　　"我……我……是因为你的书包太小了！"

　　明明是怕黑，它还想掩饰。不过，看它那么害羞，我就没有戳穿它。

　　我将飞船的目的地设定为"地球"，随即按下了穿越按钮，一眨眼的功夫，我们就穿越到了一片土地上。

　　飞船的门一打开，空气中就有一股热浪迎面袭来。

　　"这也太热了吧！蛋黄派，这里是你的家吗？"

圆周率

无论是**纽扣**大小的圆形，还是**盘子**大小的圆形，用圆的周长除以圆的直径，答案永远是 3.1415926…。这个数字是无限的，我们称之为"**圆周率**"（Pi），读作 pài，一般用希腊字母 π 来表示。

π 是计算圆形面积和周长、计算球的体积的关键值。

$$\frac{纽扣的周长}{纽扣的直径} = 3.1415926\cdots\cdots$$

圆形的纽扣

圆形的盘子

$$\frac{盘子的周长}{盘子的直径} = 3.1415926\cdots\cdots$$

每年的 3 月 14 日被称为"**国际圆周率日**"。

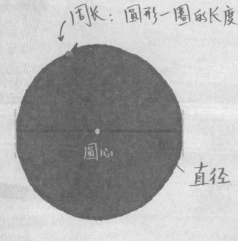

周长：圆形一圈的长度

圆心

直径

$$\pi = \frac{周长}{直径} = 3.1415926535\cdots$$

π = 派？

蛋黄派的编号是：31415926 5358 9793 23846…

第2章

神鸟金乌

地点：地球　天气：晴

　　这里的土地干裂成了许多块，大小不一。四周只有几棵干枯的树木，毫无生机。我猛然抬头，突然发现，在头顶的天空中，竟然有——

　　"十个太阳！"

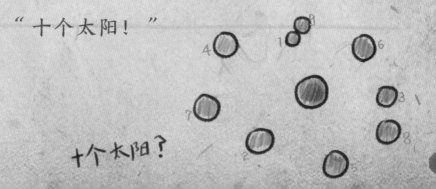

十个太阳？

蛋黄派摇了摇头，"不！地球上只有一个太阳。这里……不太像我家。"

我再次抬头望向天空，原来其中有九个是火球，只是它们像太阳一样发着耀眼的光。大事不妙！这些火球似乎正朝着地面飞来，离我们**越来越近！**

"蛋黄派，快！回飞船！"

我连忙带着蛋黄派迅速回到飞船上，为了避免飞船被下落的火球砸到，我们决定再次穿越。可是，当我按下穿越按钮时，飞船竟然响起了警报！

——警报！警报！系统温度过高，穿越失败！穿越失败！

这时，一个大火球在前方不远处砸落，地面瞬间被烧成了焦黑色。

其他火球也纷纷落下，不过幸运的是，飞船并没有被火球砸到。但是，降落的火球使周围的气温变得更高了，飞船里也越来越闷热，令我们喘不上气。

"不行，我们得尽快修复飞船系统！然后离开这里！"

"怎么才能修复系统呢？"蛋黄派在一旁着急地问道。

"嗯……要发动降温设备，必须有足够多的水。"

于是，我和蛋黄派决定去寻找水源。

我们强忍着高温，翻过了一座又一座山，此时，我的衣服已经被汗水浸透，紧紧地贴在身上，这让我很不舒服。我们又继续走了一会儿，眼前竟出现了一块巨大的黑色岩石，仔细一看，我们发现岩石上刻着一些神秘的图案。

蛋黄派飞到了岩石跟前，一动不动，盯着那些图案看了好长时间……

"我好像……见过这个图案……"

"这是——太阳！"蛋黄派用肯定的语气说道。

"太阳？里面还有一只鸟？"

我觉得蛋黄派一定搞错了，太阳里怎么会有鸟呢？太阳中心的温度那么高，鸟在里面岂不是会被热死？

只见蛋黄派点了点头，继续说："这是**神鸟金乌**，一种有三只脚的乌鸦。传说它每天都会从东边飞向西边，太阳也随之东升西落，如此循环。由此，便形成了地球上最基本的时间单位——**日**，也就是所谓的**一天**。"

"咦？蛋黄派，你是怎么知道这些的？"我疑惑地看着它。

"我也不知道，看到这些图案后，我仿佛找回了一些回忆。"

"那你想起来你的家在哪儿了吗？"我连忙问它。

蛋黄派想了想，然后摇了摇头。虽然我有点儿失望，但还是安慰了它一番。我想，它可能还需要借助更多的信息才能回想起来吧……

我们绕过了岩石，继续前行，周围的植物慢慢多了起来。一阵微风迎面吹来，里面夹杂着一股**潮湿的泥土**的味道！我知道，水源肯定就在不远处！我小跑了几步，隐约听到了水流声，于是扭头招呼着蛋黄派，快步向前跑去。

"哈哈，水！蛋黄派，我们找到水了！"

我从书包里拿出折叠水瓶，将所有的水瓶都装得满满的。水面上吹来阵阵微风，令人神清气爽，我不由得放松下来，靠在一块大石头上，不知不觉中竟然睡着了……

用眼睛看

用鼻子闻

用耳朵听

"小狸，醒醒，醒醒！日上三竿了！日上三竿了！"

"啊？什么是**日上三竿**？"

我迷迷糊糊地揉着眼睛，没听懂蛋黄派在说什么。

"时间不早了！你看，太阳升到了离地面三根竹竿的高度，现在的时间应该是上午9点到11点！根据太阳的高度，我们就能大致推断出时间。"

"啊？我睡了这么久啊！"

我连忙起身，将灌满水的水瓶装进书包，然后和蛋黄派顺着原路返回。

由于书包里的水太重，我们的返程速度慢了一些，等回到飞船里时，太阳已经完全落山了，天空中出现了点点繁星。

我把水灌进降温设备中，不一会儿，飞船系统就恢复了正常。

"哈哈，系统终于恢复正常啦！那接下来……哎哎哎哎……"

我话还没说完，不小心脚下一滑，手一把按在了飞船的穿越按钮上！

穿越

太阳也叫"金乌"

在中国古代神话中，散发着金光的太阳里有一只长着 3 只脚的黑乌鸦，所以太阳也被称为"金乌"。

太阳散发出金光

3只脚的黑乌鸦

金乌=太阳？

羲(xī)和生十日

中国上古神话之一

根据古籍《山海经》的记载，太阳女神**羲和**生了 10 个孩子，这 10 个孩子就是 10 个太阳。

在东方，有一个叫汤谷的地方，那里有一棵大树，名叫"扶桑"。这棵大树有几千丈高，10个太阳就住在这棵大树上。每天只有 **1** 个太阳去值班，而其余的 **9** 个太阳就在树上休息。

白天与黑夜的交替，为人类提供了最基本的时间单位——"日"。

若木　西

扶桑　东

啦啦啦！

好困！

叫什么叫？

啥时候轮到我值班？

楼上好吵！

青桐神树？

　　每天清晨，值班的太阳从东方的扶桑神树上升起，化为金乌自东向西飞翔，到了晚上，便落在西方的若木神树上。

　　日复一日，循环往复，太阳为人们带来光明与温暖。

树上有 9 只鸟，因为有 1 只鸟去值班了。

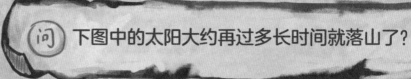

问 下图中的太阳大约再过多长时间就落山了？

食指 ———

地平线

　　古人可以根据太阳的高度大致推断时间，有时，我们也可以采用这种方法来推断时间，比如，去爬山时，如果没有手表、手机，你知道如何确定太阳还有多久落山吗？

令人难以置信的是，这种推断时间的
方法唯一需要的工具就是我们的双手！

① 面向太阳，将手臂伸到身前，使手掌朝向自己。

② 将食指放在太阳的正下方，与地平线平行。

③ 数一数，从太阳下方边缘到地平线这段距离与几
根手指的宽度相等？（每根手指代表 15 分钟）

手指根数×15分钟=此时距离太阳落山的时间

第3章

月圆之日

地点：地球　天气：多云转晴

　　一眨眼，飞船就带我们穿越到了另一个地方。月亮藏在厚厚的云层里，散发着微弱的光。借着飞船的灯光，隐约可以看出，此时我们停在湖中心的一座小岛上。

　　蛋黄派在我耳边喋喋不休地嘀咕着："啊！

这里黑咕隆咚的，我不喜欢黑夜，我出生的时候可是阳光明媚的，要不是……"

"咦？等等，你刚才说什么？"我突然打断蛋黄派，好像听到了什么重要的信息。

"啊？我说，我不喜欢黑夜……"蛋黄派小声地说。

"哎呀，不是这句，下一句！"我有些着急。

"我出生时……是阳光明媚……的……"

蛋黄派突然愣住了，它停在半空中，似乎想起了什么……

"啊——我想起来了！我是在中午出生的！"

"嗯，然后呢？然后呢？"我着急地追问道。

"然后……然后我就不记得了……"

"唉！"我长叹一口气，看来，帮助蛋黄派回家并没有想象中那么简单。

这时，远处的天空中传来"**砰**"的一声，我的注意力一下子就被吸引过去了。

"什么声音？"我问道。

"是烟花，看！"

我顺着声音传来的方向望去，只见远处那红色的烟花像一朵绚烂的小花一样绽放开来，但是不一会儿就消失了。

"真好看，我们离近点儿看看吧！"**我意犹未尽**地说道。

"可是……"蛋黄派犹豫着。

"也许除了烟花，那边还有其他好玩的东西，能够帮你恢复记忆呢！走吧，我们去看看！"

我一边说着，一边向烟花的方向走去。

"咦？等……等……等等我！"

蛋黄派像个跟屁虫一样，紧紧地跟了上来。我们经过长长的拱形木桥，来到了湖岸边，此时上空刚好燃起了烟花，**炮声轰鸣，星火四射**！它们就像五颜六色的花朵绽放在夜空中！

"哇，太震撼了！"我望着空中的烟花出了神，这简直太好看了。

"小狸，快看那边！"

我顺着蛋黄派指的方向看去，只见有一个像摩天轮一样巨大的灯笼矗立在不远处的城门前，上面挂着无数个花灯，灯火辉煌，灿烂绚丽，原来这就是**火树银花**。

火树银花合
星桥铁锁开

酒馆

"这也太壮观了吧！"我不由得连连称赞。

城内街道上的人群熙熙攘攘，热闹非凡。每个人都打扮得漂漂亮亮的，他们一边散步，一边观赏满街的花灯。有荷花灯、玉楼灯、青狮灯、绣球灯、螃蟹灯、白象灯……各种各样的花灯，真是令人**眼花缭乱**！

突然，我感到有一双眼睛在暗处盯着我们，我连忙转过头，四处看了看，却并没有发现什么奇怪的人，倒是我们的打扮在人群中显得有点儿格格不入。

为了避免引人注目，我将帽子戴在头上，又让蛋黄派躲进了书包里。

"今天是什么节日吗？这里怎么这么热闹呢？"

蛋黄派从我的书包里露出小脑袋，用它的小翅膀指了指月亮，此时云已经散去，一轮圆圆的月亮挂在夜空中，分外明亮。

"今天一定是农历十五，而且这么多人都拿着花灯，我们应该是赶上这里的元宵节了。"

"什么？农历十五？元宵节？我们数学星球上可没有这个节日。"我听得一头雾水。

"月亮的形状一直在有规律地发生变化，当它变成圆圆的满月时，就是农历十五！"

我还是没明白蛋黄派是怎么判断出来的。这时，人群突然骚动起来，他们全都涌向街道两侧，让出了中间的一条路。

　　我费力地挤到人群的最前面，只见有一辆马车沿着这条路驶来，车上驮着一个用布罩着的东西，它的外形有些奇怪。人们议论纷纷，但我觉得这东西好像有点儿眼熟……

　　当马车经过我面前时，我从被风吹起的一角布料下看到了里面的东西，我惊呆了，不由得张大了嘴——

　　"啊！"叫声一出，我立刻捂住了自己的嘴，连忙从人群中跑了出来。

　　"蛋黄派，他们……他们……好像……把我的……飞船……给抬走了！！！"我的大脑一片空白，竟有些**语无伦次**。

　　这时，我已经听不见身边的嘈杂声了，脑子里一团乱麻……

月亮的形状

月有阴晴圆缺

变化顺序

新月 / 朔月
New Moon

蛾眉月
Waxing Crescent

残月
Waning Crescent

初一

地球
·
Earth

初七、初八

廿二、廿三

上弦月
First Quarter

下弦月
Last Quarter

盈凸月
Waxing gibbous

廿四、十五

亏凸月
Waning gibbous

满月 / 望月
Full Moon

月亮会从弯弯的月牙逐渐变成满月，然后再慢慢变回月牙，如此周而复始。

月亮这样变化一周的时间被称为"一个月"。

满月的时候有哪些传统节日？

花灯

元宵节（农历正月十五）：

　　这个节日又称上元节，起源于古代民间开灯祈福的习俗。

中元节（农历七月十五）：

　　这个节日的起源可追溯到上古时代的祖灵崇拜，其文化内涵是敬祖尽孝。

河灯

中秋节（农历八月十五）：

　　这个节日起源于对天象的崇拜，是由上古时代"秋夕祭月"这一祭祀活动演变而来的。

秘诀

初一新月不可见，
只缘身陷日地中。

初七初八上弦月，
半轮圆月面朝西。

满月出在十五六，
地球一肩挑日月。

二十三下弦月，
月面朝东下半夜。

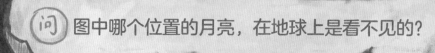

问 图中哪个位置的月亮，在地球上是看不见的？

提示：在万里无云、晴朗的夜晚，月球
在哪个位置时，我们从地球上看不到它呢？
此时是每个月当中的什么时候呢？

SUN
太阳

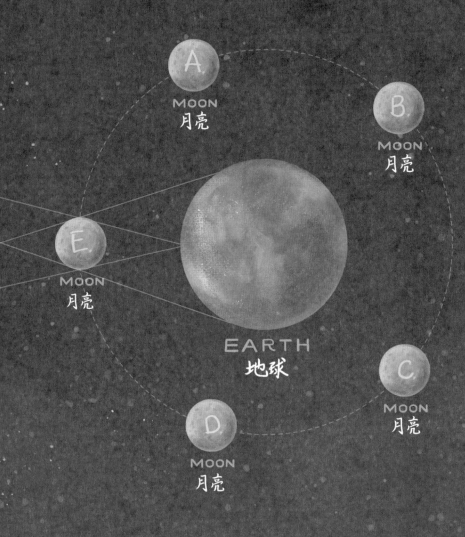

A
MOON
月亮

B
MOON
月亮

E
MOON
月亮

EARTH
地球

C
MOON
月亮

D
MOON
月亮

日食则朔，月食则望

第4章

古怪的仪器

地点：地球　天气：多云转晴

等我回过神来时，那辆马车已经消失在人群中了。街道上的人实在是太多了，我在人群中费了九牛二虎之力才走了几米的距离，想要追上马车根本不可能，我急得直跺脚。

"小狸，你别着急，在这里等我一会儿，我去看看……"

蛋黄派"嗖"地一下从我的书包里飞了出来，朝着马车的方向飞去。

我焦急地在原地等待，已经无心观赏那些精美的花灯了，只盼着蛋黄派快点儿回来。可是，过了好久，还是不见蛋黄派的踪影，我强迫自己放松下来，这时眼皮开始慢慢变沉，不知不觉中，我又睡着了……

"小狸，小狸！快醒醒！"

听到喊声，我睁开眼，眼前出现了一个黄色的球，恍惚中，我还以为那是一盏灯笼，仔细一看，原来是蛋黄派。

"蛋黄派，你终于回来了！"我揉了揉眼睛，才发现此时天都已经蒙蒙亮了。

"他们把飞船运到了东方圣殿！"

"**东方圣殿**？"

蛋黄派带着我来到了一座宏伟的**宫殿**前。金黄色的琉璃瓦在阳光的照耀下闪闪发光。

"就是这里！"

蛋黄派带着我穿过宫殿，这时我们才发现，宫殿的后面竟然还有很多大大小小的宫殿，它们一层套着一层，每个宫殿的外观好像都差不多。

"这里太大了，宫殿也太多了吧？飞船会被放到哪里呢？我们该不会要把所有的宫殿都找一遍吧？"

这时，从不远处传来一个沙哑的声音——

"阳光！阳光啊！"

我和蛋黄派应声跑了过去，原来，是一个古怪的老头在自言自语。在他面前的空地上，平放着一块带有**刻度**的石板，石板上笔直地立着一根高高的竿子。

那个古怪的老头一会儿抬头看看太阳，一会儿低头看看石板上竿子的影子，一会儿又在纸上记录着什么，嘴里还不停地嘀咕，看上去一副忙忙碌碌的样子。

"咦？那是什么东西？"我指着那个古怪的仪器，向蛋黄派请教。

"那块平放在地面的石板叫作**圭**，那根直立的竿子叫作**表**，人们把它们两个组合起来，就能根据每天正午时分表影的长短来推断时间。"蛋黄派解释道。

"根据影子的长短就能知道时间？"我还是不明白那个古怪的仪器到底运用了什么原理。

蛋黄派告诉我，每天**正午**时分的太阳高度一直在**有规律**地变化着，正午时分表影最长的那一天就是冬至，正午时分表影最短的那一天是夏至。两次冬至之间的时间间隔，就是一**年**，也称"岁"。

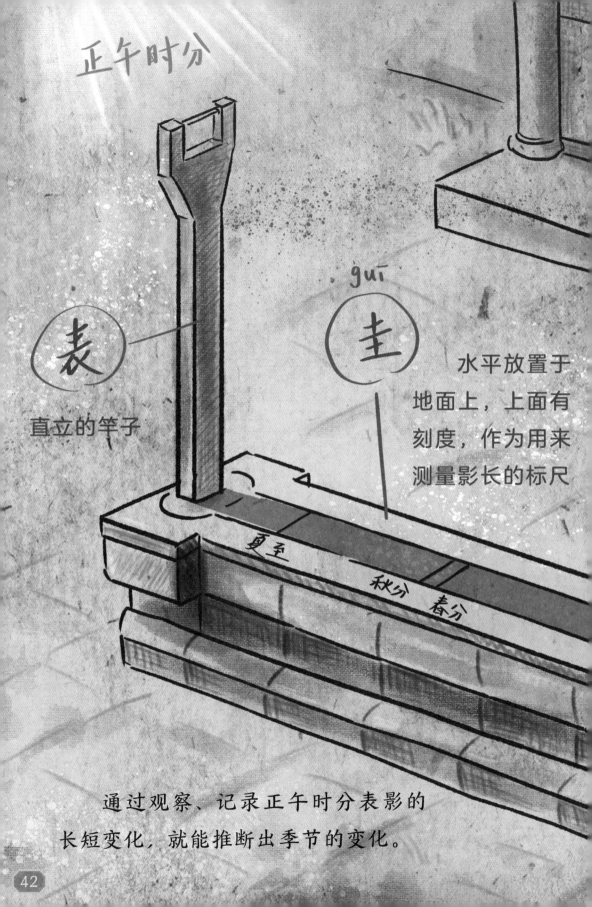

正午时分

gui

表
直立的竿子

圭
水平放置于地面上，上面有刻度，作为用来测量影长的标尺

夏至

秋分 春分

通过观察、记录正午时分表影的长短变化，就能推断出季节的变化。

我十分好奇，刚想凑近看看那个古怪的仪器，蛋黄派却从身后一把扯住了我的帽子。

"小狸，我们还是赶紧去找飞船吧。"

我强忍着内心的好奇，和蛋黄派一起沿着宫墙向前走去。

刚走了一会儿，我们便听到从宫墙的另一侧传来的**窃窃私语**：

"喂，你听说了吗？"

"什么？"

"有个天降神物，昨晚被运进咱们东方圣殿了。"

"你是说，被抬去蓬莱山的那个东西？"

"嘘……小点儿声……"

① 蓬莱山 (péng lái)

② 方丈山

③ 瀛洲 (yíng)

　　我和蛋黄派对视了一眼，难道他们说的天降神物就是我的飞船？还没等我想清楚，突然有个小太监边跑边喊：

　　"不好了！不好了！蓬莱山起火了！快去救火！快去救火！"

　　蓬莱山？如果飞船在那里的话就危险了！我不禁紧张起来。

　　"蛋黄派，我们赶紧过去看看！"

　　蛋黄派高高地飞起来，我们跟在救火的人群后面，来到了一个人工湖边。湖中心有三座岛，其中一个岛上冒着滚滚黑烟，周围停满了救火的船只。

　　"那个冒烟的岛应该就是他们所说的蓬莱山吧！"

五岳

① 北岳 恒山
⑤ 中岳 嵩山 (sōng)
④ 东岳 泰山
③ 西岳 华山 (huá)
② 南岳 衡山

我赶紧跳上湖边的一只船，在蛋黄派的帮助下，我们很快就赶到了那座叫蓬莱山的小岛。透过岛上的滚滚浓烟，我隐约看到岛上有个轮廓熟悉的东西。

"没错，是飞船！"

我兴奋极了，刚才的推断没有错。我连忙将衣服弄湿，捂住了口鼻，随着蛋黄派的指引在浓烟中向上爬，很快，我们就顺利地进入了飞船。

虽然小岛周围有很多救火的人，但火势不但没有减小，反而越来越大！不一会儿，熊熊大火就包围了飞船！

"咳咳咳咳咳……我们先离开这里，保住飞船再说！"

尽管我用湿衣服捂住了口鼻，但还是吸入了少量的浓烟，我一边咳嗽，一边伸手按下了飞船的穿越按钮……

一年与二十四节气

通过观察，人们发现太阳并不是每天都从同一个位置升起的，而是在一定的范围内周而复始地循环着。

日出时刻太阳位置的变化范围

太阳从地平线 最南的位置 升起的那一天，正午时分太阳的高度最低，竿影的长度最长，这一天白天的时间最短，夜晚的时间最长，这时候北半球正处于寒冷的冬季，所以这一天被称为冬至。

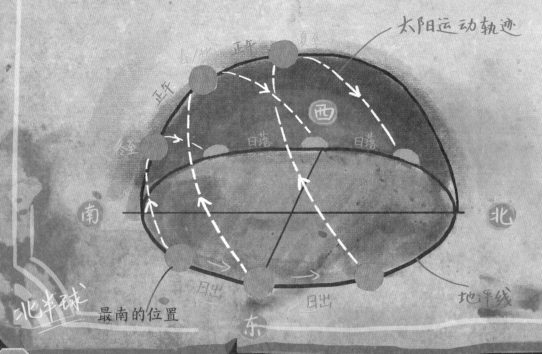

古人通过长期观察发现了以上规律，将两次冬至之间的时间间隔称为一年。

通过观察圭表正午时分表影的长短，就可以推断出这一天在一年中所处的时间。

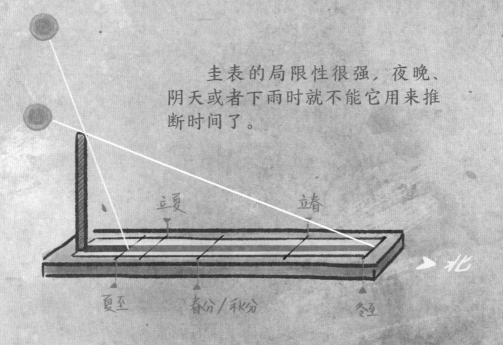

圭表的局限性很强，夜晚、阴天或者下雨时就不能它用来推断时间了。

立夏　　　　立春

夏至　　　春分/秋分　　　　冬至

北

冬至这一天，正午时分的太阳高度最低，表影最长；夏至这一天，正午时分的太阳高度最高，表影最短。

春分、秋分：白天和夜晚的时间一样长。

将冬至、春分、夏至、秋分之间的时间分别等分，就得到了立春、立夏、立秋、立冬。

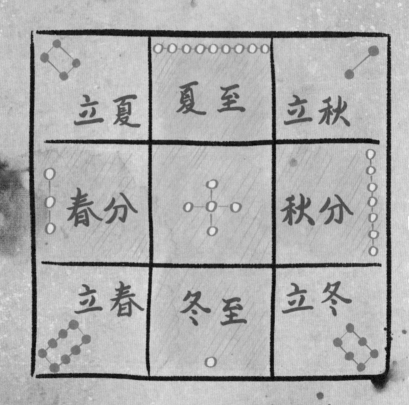

立春、立夏、立秋、立冬：古人用来划分四季的节气。

立，表示"开始"，"立春"就是春天自这天开始的意思。

有了这八个节气以后，人们又将每两个节气之间三等分，于是就有了二十四节气。

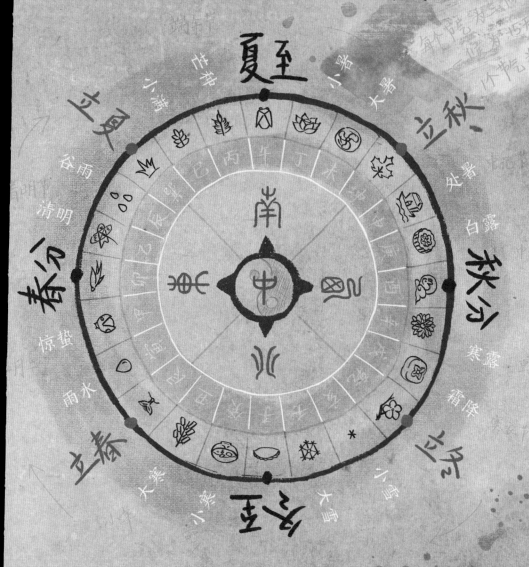

二十四节气是我国人民在长期观察和劳动中得出的智慧结晶，也是世界天文史上的一个重要发现。直到今天，它对农业生产仍具有一定的指导作用。

12   11   10   9   8

陶寺古观象台

　　这个古观象台位于山西省临汾市襄汾县，它是由 13 根柱子、12 道观测缝和 1 个观测点组成的。

观测点

这是迄今为止已知的世界上最早的观象台。

距今约 4700 年

从观测点通过狭缝观测日出时太阳
的位置，就能确定当天的节气。

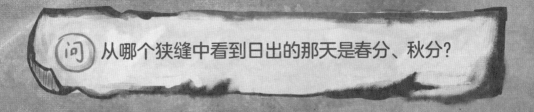

(问) 从哪个狭缝中看到日出的那天是春分、秋分？

提示：从第 2 个狭缝中看到日出的那天为冬至。
从第 12 个狭缝中看到日出的那天为夏至。
第 1 个狭缝没有观测日出的功能。
（参考第 49 页，日出时太阳的位置与节气的关系。）

第5章

用水做的钟表？

地点：地球　天气：多云

一眨眼的工夫，我们又来到了另一个地方。这里的道路两侧有规律地排列着修剪整齐的小松树和假山，路中间矗立着一座有三个门洞的**凯旋门**，中间的门洞是拱形的，两侧稍小一些的门洞则是长方形的。门上雕刻着各种各样的装饰花纹，十分精美。在门的两侧还筑有黄绿两色相间的琉璃矮墙。

我转过头来,疑惑地看向蛋黄派,问道:"蛋黄派,这是哪里呀?"

"这里看上去像一个皇家花园,我感觉有些熟悉。"蛋黄派缓缓地答道。

"哦?感觉熟悉?那你家是不是就在附近?"我连忙问。

"不是。"

蛋黄派的语气非常确定,令我**大失所望**。

"既然你感觉这里很熟悉,那我们先去亭子那儿看看吧,站得高望得远!"我指着远处小山包上的凉亭说。

这小山包看着一点儿也不高,但山上的路却绕来绕去的。等我们爬上山顶时,我已经累得满头大汗,一屁股就坐在了凉亭前的台阶上,气喘吁吁。

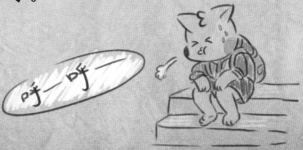

呼—呼—

线法山？

螺狮牌楼

石头假山

这是一座双层檐的八角凉亭，亭子上的花纹都是精雕细琢的。我一边休息，一边仔细打量着四周。

"小狸，山下有个喷泉，咱们去看看吧。"

说完，蛋黄派就向山下飞去，我屁股还没坐热乎呢！蛋黄派可是头一回这么积极，它是不是想起什么来了？我连忙起身跟了上去。

我们绕过了几个小喷泉和建筑，来到一个大型喷泉前，池中心有一个大贝壳，贝壳两侧各有六个人身兽首的铜像，呈"八"字形排列。

"为什么这些铜像都长着人的身体、动物的脑袋呀？"

蛋黄派并没有回答我，它一边绕着喷泉盘旋，一边小声嘀咕着：

"子鼠丑牛寅虎卯兔辰龙巳蛇午马未羊申猴酉鸡戌狗亥猪……"

"喂喂喂，蛋黄派，你在嘟囔什么呢？你是不是想起来什么了？"我疑惑地看着蛋黄派。

"这是**十二生肖兽首喷泉**，每**十二个时辰**，由十二生肖兽首铜像轮流喷水。当我们看到不同的兽首铜像喷水，就知道当时的时间了。"

蛋黄派终于正常说话了，我松了口气，不过十二生肖和十二时辰又有什么关系呢？

蛋黄派告诉我，每个生肖对应的时辰，都和那种动物的生活习性和特点有关。例如，午时（中午十一点到午后一点）是一天之中阳光最为强烈的时段，阳气最为旺盛，这个时候一般动物都会躺着休息，而马在此时最为活跃，所以有了**午马**这种说法。

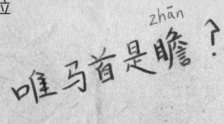

唯马首是瞻？

　　这时，恰巧轮到马首铜像喷水，其余十一个兽首的嘴里也跟着一齐喷涌出泉水。

　　"哇，太好看了！"我激动得睁大了眼睛。

　　"只有在正午时，十二个兽首铜像才会一起喷水。这个喷泉其实是一个**水力钟**，它的原理很简单，和**铜壶滴漏**是一样的。"

　　"啊？铜壶滴漏？这又是什么东西？"

　　"就是一种用水做的钟表，根据滴下来的水量多少来表示时间。"蛋黄派耐心地解释道。

　　"哦。"我其实并没有听明白，只觉得眼前的喷泉真是太壮观了。这时，我才注意到有一个长相很特别的铜像，它头上长着鹿的角，嘴上有长长的胡须，脖子与蛇身相似，身上长满了鱼的鳞片。

　　"这是什么动物？蛋黄派？"

　　我扭头看向蛋黄派，只见它呆呆地飘浮在半空中，眼睛直直地盯着那个铜像。

　　"蛋黄派？"我又轻声叫了一下它。

　　"龙！"蛋黄派用激动而颤抖的声音说，"我想起来了！我是龙年出生的！"

　　"哈哈，太棒了！太棒了！你终于想起来了！可以送你回家了！"我兴奋地跳了起来。

　　"不过……"蛋黄派小声地说，"我不记得具体的日期了，有很多很多年份都是龙年……"

　　"啊？也就是说，只有确定你出生的具体年份，才能送你回家？"

　　"嗯……"蛋黄派点了点头。

哟吼！

铜壶滴漏

铜壶滴漏也叫作漏刻、漏壶，是古代的一种计时器。

① 泄水式单壶

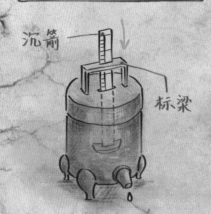

沉箭

标梁

壶中有一支带有刻度的**沉箭**，不同的刻度对应不同的时间。壶里的水从壶身下侧滴出，水漏则箭沉，壶顶的**标梁**对应的刻度即为当时的时刻。

早期的漏刻只使用一个漏壶，但漏壶滴水的速度会受到壶内水量的影响。壶内水多，滴水的速度就比较快；壶内水少，滴水的速度则比较慢，所以计时会产生误差。

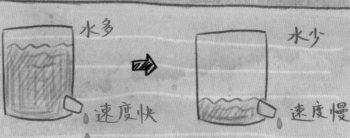

水多　水少
速度快　速度慢

为了解决这个问题，人们改进出了多级刻漏装置，采用受水式计时。

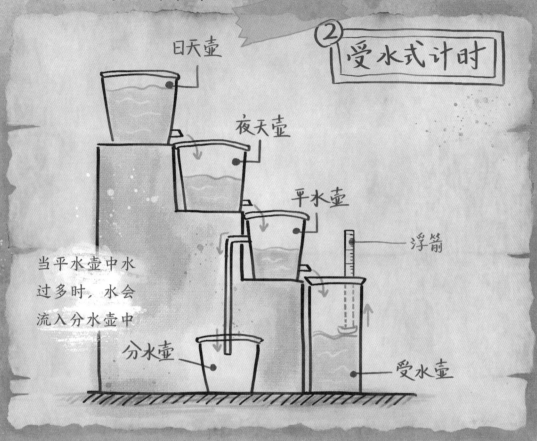

② 受水式计时

日天壶

夜天壶

平水壶

浮箭

当平水壶中水
过多时，水会
流入分水壶中

分水壶

受水壶

平水壶中的水由上方的壶来补充，这样，平水壶内的水可以基本保持不变，水滴入受水壶的速度就能基本保持不变了。受水壶中水涨则箭浮，随着**浮箭**上升，人们通过浮箭露出来的刻度，便能看出当时的时刻。

无论是沉箭还是浮箭，一昼夜为九十六刻，记录一天十二个时辰。

第6章

太阳表

地点：地球　天气：多云转晴

　　刚刚的兴奋瞬间转为沮丧，我有气无力地靠在喷泉边上，我和蛋黄派陷入了沉默……

　　过了好长一段时间，蛋黄派终于开口了。

"我想，天文钟应该可以派上用场。"

"天文钟？"我又打起了精神，"通过天文钟能知道你出生的具体年份？"

"虽然有些复杂，不过应该可以推算出来。"蛋黄派一边思考，一边说道。

"那……这里有天文钟吗？"

就在这时，远处隐约传来"铛铛"的响声。我和蛋黄派对视一眼，可还没等我开口，蛋黄派就朝着声音传来的方向飞过去了。

难道那个声音是天文钟发出来的吗？还是蛋黄派想起了其他事情？这里真的会有天文钟吗？

我跟在蛋黄派的身后一路小跑，脑袋里冒出各种各样的问题。

　　过了一会儿，那个"铠铠"的声音戛然而止。蛋黄派突然停了下来，悬在半空中。我只顾着闷头往前跑，还没来得及反应，脑袋差点儿撞到蛋黄派的屁股！等我回过神来时才注意到，我们来到了一个仙境般的地方。

　　大大小小的宫殿整齐地矗立在水中的白色大理石台面上，屋顶是由黄、绿、蓝相间的琉璃瓦铺盖而成的。琉璃瓦在阳光下闪闪发光，湖中的倒影**波光粼粼**，远远地看上去**如梦似幻**，宛若神话传说中的**仙山琼阁**。

　　眼前的景色让我陶醉其中……突然，我看到宫殿前有一个奇怪的东西！

　　那是一根一人多高的石柱，上面架着一个**倾斜的**石头圆盘——

　　"蛋黄派，那是什么？"

　　"太阳表。"蛋黄派脱口而出。

"太阳表？"

我满怀疑惑，好奇地跑了过去，开始仔细地打量它。这个表的样子很奇怪，太阳表的表盘被平均分成了 24 格，上面没有数字，却有 12 个围成一圈的汉字。更奇怪的是，这个表盘上也没有指针，只有一根铜针直直地插在表盘中心。

"你确定这是'表'？"我用怀疑的口吻问道。

蛋黄派飞了过来，想了想，说:"确切地说，应该叫'日晷(guǐ)'。"

"日晷？那是什么？跟表有什么关系吗？"

"哈哈！"蛋黄派笑着说，"日晷是一种通过观察日影来记录时间的仪器。当太阳照射在铜针上时，会在石盘上留下影子。随着太阳位置的移动，针影也会落在表盘上的不同位置，铜针的影子落到哪个位置，就代表了几点……"蛋黄派滔滔不绝地讲道。

晷针

晷盘

底座

　　我踮起脚看向石盘。阳光照射在青色的铜针上，铜针的影子果然落在了石盘上的格子里，但我还是满怀疑问：为什么石盘要倾斜着放呢？平放在地上岂不是更容易观察吗？为什么石盘上有24个格子，却只刻了12个汉字呢？

　　正当此时，一阵"叮叮当当"的响声从身后飘进了我的耳朵。

　　"蛋黄派！听！"然而，蛋黄派什么也没听见。我有一种强烈的预感，总觉得那个声音和天文钟有关联！

　　我扭头跑向身后的宫殿，将耳朵贴在了门上，刚想仔细听听，"吱嘎"——门被我不小心推开了，我一个趔趄，险些摔倒。只见门的正对面摆放着一尊高大的神像，两侧有通向上面的楼梯，那个声音就是从楼梯上面传来的！

我蹑手蹑脚地爬上楼梯，从楼梯口探出头来。

"哇！蛋黄派，快看！"

屋里摆满了各式各样造型新奇的钟表，钟表的造型有亭子、宝塔、火车头，还有马车、动物、植物……有的超级大，有的非常迷你，每个造型都不重复。

在这些华丽的钟表上，有表演杂技的小人，有婉转鸣唱的小鸟，有优美绽放的花朵，有来回穿梭的车辆，还有眼珠子可以自由转动的各种动物，简直是**巧夺天工**，**美轮美奂**，让人**目不暇**(xiá)**接**！

我和蛋黄派被眼前**琳琅满目**（lín láng）的钟表深深震撼了，由于欣赏时过于投入，我们甚至没有察觉到有人正在靠近。

"什么人？不许动！"一个士兵大喝一声。

我被突如其来的吼声吓得跳了起来，本能的反应就是逃跑。

跑出两步后，我才发觉蛋黄派并没有跟上来，它还呆呆地留在原地。我来不及思考，冲过去一把抱住蛋黄派，顺着楼梯疯狂地跑了下去。

身后的士兵紧追不舍，周围的声音越来越嘈杂，追缉的士兵竟然一下子多了起来！

我顾不得去想被抓到的后果，提着一口气，凭着记忆，一路奔向飞船停放的地方。

终于，我抱着蛋黄派跑进了飞船。我大口喘着气，眼看士兵就要把飞船包围起来了，我连忙将手伸向穿越按钮——

"等一下！"蛋黄派突然喊道，"2036！我们去2036年！"

除了大口喘气声，我发不出任何的声音了，便冲着蛋黄派点了点头，输入了它所说的时间，立刻按下了飞船的穿越按钮……

日晷 (guǐ) 是什么？

"日"是太阳，"晷"就是太阳的影子。

太阳照射在晷针上，就会在晷面上留下影子。晷面上刻着的刻度叫作"晷度"。随着太阳位置的移动，针影落在不同的刻度上，通过针影所在的刻度就能确定时间。

常见的日晷大致可以分为三类。

(1) 地平式：

晷面平放在地上。

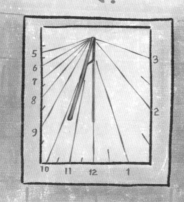

(2) 垂直式：

晷面垂直于地面，一般镶嵌于墙上。

(3) 赤道式： 晷面与赤道平行。

指示的时间相对准确，针影的长度也基本不受太阳高度的影响。

晷针

一根垂直插在晷盘中心的铜针，与地轴平行，晷针上端指向北极。晷针与底座的夹角和晷盘倾斜角的度数一样。①＝②

晷盘

一个石头圆盘，与赤道平行，倾斜的角度根据所在的位置变化。

底座

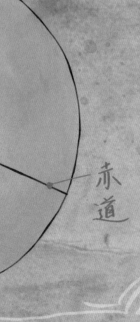

地轴

赤道

地球

问 再过一个时辰是几点?

观察图中晷针的影子此时所在的位置，猜一猜，再过一个时辰，晷针的影子会落到哪里？

一寸光阴一寸金，寸金难买寸光阴。
"一寸光阴"便是晷针的影子在晷盘上变化一寸所消耗的时间。

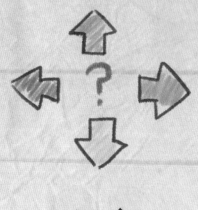

第7章

方 向

地点：地球　天气：晴

飞船一眨眼的功夫就穿越了。

"哇，我们到了！"我和蛋黄派兴高采烈地跑下飞船，出现在我们面前的是一个天池，碧蓝的池水犹如一面巨大的镜子，倒映着蓝天、白云、青山和绿树。

"小狸……这里……好像不是我家……"

"什么？！"听到蛋黄派这么说，我感觉难以置信，"不可能啊，我设定的时间没错啊！"难道是——我恍然大悟，拍拍脑袋，"难道是飞船系统的时间和地球上的时间不一样吗？"

这可怎么办呢？我看着飞船出了神，这时，肩膀突然被打了一下，"哎哟，蛋黄派，别闹！"

"什么？哎哟！"蛋黄派也莫名其妙地被打了一下，还发出了清脆的金属响声。

我扭头一看，原来是身后树藤上的几只**猕猴**在向我们扔石子。我原本不打算理会它们，但它们却变本加厉，石子不断地砸向地上、飞船上。

我连忙用手护住脑袋，向树林的方向走了几步，挥手想要赶走它们。"走开！走开！"没想到我一冲着那群猴子大喊，它们反而更兴奋了。

"蛋黄派，你保护飞船，我来引开他们！"我抓起一把石子，跑向猕猴。

"**擒贼先擒王**，那个翘着尾巴的是猴王！"蛋黄派在我身后喊道。

我抬头，果然看见一只翘着尾巴的猕猴在发号施令。我使出浑身的力气把石子扔向猴王，猴王被我打得直呲牙，气愤地招呼几只猕猴逃跑，它们很快便消失得无影无踪。

"哼，看你们还敢不敢这么嚣张！"我拍了拍手上的沙子，心里正得意。但这时，我发现自己追猴子时不知不觉地跑进了一片热带森林，更让我不知所措的是，身后竟然出现了好几条**分岔路**！我刚才只顾着追猴子，根本没注意自己是从哪条路跑进来的……

"蛋黄派……蛋黄派……"我扯着嗓子喊了两声。但是，除了鸟叫声，我没有得到任何回应……

"我应该没跑多远吧？不然试着往回走走看。"我心里七上八下，不知不觉地走到了一棵巨大的树下。这棵树树根发达，树干粗壮，估计要十几个人手拉手才能把整棵树围住！

我抬头向上望去，只见无数的树枝从树干伸出来，透过茂密的枝叶，弯弯曲曲的树干，一直冲向天空中，根本看不到尽头，这仿佛是一棵能够通向天空的**通天树**！

"刚才，我好像没经过这里吧？"我努力地回忆着刚才自己到底有没有经过这里，一屁股坐在粗壮的树根上。歇了一会儿后，我突然**灵光一闪**！

"对了，如果我在经过的地方留下记号，那么蛋黄派看到以后，就能找到我了！哈哈！"

于是，我一边走，一边在树上、地上、分岔路口留下了记号。

我又走了一会儿，发现周围出现了一些外形奇特的植物，上面结着一排排**弯弯的果实**。

有的果皮是黄色的，有的果皮是绿色的。我掰下一个像小船一样的果实，凑近闻了闻，一股香甜的味道扑面而来。正当我在怀疑这个果实是否能吃的时候，身后突然传来蛋黄派的声音——

"这是香蕉，可以补充能量。"

"蛋黄派！"我喜出望外地叫了起来，"你看到我留下的记号了？"

蛋黄派点了点头，"嗯，还看到了地上的石子和折断的植物。"

"厉害！"我咬了一口这个名叫"香蕉"的水果，突然想起来——"对了，你过来找我，那我的飞船呢？飞船怎么样了？"

"不用担心，飞船很安全。"

听到蛋黄派这么说，我松了一口气，这才尝出了香蕉的香甜。

　　我们休息片刻后，继续出发往回走。蛋黄派在我前面带路，它说向北走就能回去。

　　"你是怎么分辨方向的呢？我在森林里完全分不清方向。"我忍不住说出了心中的疑问。

　　"太阳从东方升起，向西方落下，我们大致可以根据太阳的运动方向，来确定东西方向，那么，南北方向也就确定了。"

　　"哈哈！我知道，上北下南左西右东嘛！"我脱口而出。

　　太阳慢慢落山了，天空中开始出现点点繁星，尽管蛋黄派可以发出光亮，但它的光芒在森林里显得格外微弱。

　　"咦？蛋黄派，你的飞行速度好像变快了。"我要小跑起来才能跟上它。

　　"呃……我……我……我想快点儿回到飞船里……"蛋黄派有些不自然地说道。

　　"但现在没有太阳了，你怎么知道这个方向是北呢？"

"有**北极星**的指引，我们是不会迷失方向的。"

我抬起头望向夜空，"哇，这里能看到好多星星呀！这么多的星星，哪一颗才是北极星呢？"

蛋黄派稍微放慢了速度，"你得先找到**北斗七星**，就是那个像勺子一样的星群。距离勺口不远处有一颗比较亮的星星，那颗星星就是北极星！"

"哇，夜空中最亮的星，指引我方向，哈哈哈！"

我一边抬头看着星星，一边开心地说着，这时，蛋黄派突然被撞到了一边！原来是一只猛兽！只见它呲着牙，发出低沉的吼叫声，两只泛着绿光的眼睛，在漆黑的夜色中格外吓人。

还好蛋黄派会飞，猛兽扑了个空。正当我替蛋黄派高兴时，猛兽转过头来盯着我，那双凶狠的眼睛和我对视着！

云豹
bào

　　云豹的四肢粗短而矫健，粗粗的尾巴几乎与身体一样长。身体呈金黄色，身上有大块的深色云状斑纹。这种豹子白天在树上睡觉，晨昏和夜晚进行捕食。

"小狸快跑！"蛋黄派在我头顶大喊。

"老……老……老虎？"我两腿直发软，身体不停地颤抖。

"不是老虎，是云豹，快跑！"蛋黄派在半空中与云豹周旋，为我争取逃跑的时间。我跟跄着跑了几步，然后"**扑通**"一声掉进了水里！水流湍急，我一下子被冲出去很远！

"蛋黄派！蛋黄派！"我大喊着。那只云豹沿着岸边徘徊，却没有跟着跳下水，这让我松了口气。

"小狸，抱住那根树干！"蛋黄派在我头顶喊道。

借着蛋黄派发出的微光，我看见前面有一根伸入水中的树干，我拼尽全力游了过去。然而当我的手触碰到树干时，才发觉**大事不妙！**

这是一棵老枯树，树干几乎是中空的，还没等我完全抱紧它，只听"**咔嚓**"一声，树干断裂了！我抱着断裂的树干继续向下漂，水流的速度好像越来越快了！

"啊，不好！前面是瀑布！"蛋黄派奋力挡在树干前，虽然我漂流的速度有所减缓，但水流仍然推着我们继续向前！

突然，我感觉身体腾空飞了出去，然后又向下坠落，坠落，坠落……

"扑通"一声，我又掉入了水中。

我挣扎着想要浮出水面，但瀑布强大的冲击力将我压向水底深处，我呛了一口水，感觉快要窒息了。就在我失去意识的前一秒，恍惚中，我看到一个巨大的黑影在向我游来，托着我向水面浮去……

知识秘籍

星星可以帮我们辨别方向？

　　古人在夜晚观察星空，发现漫天星辰在不停地运转，但有一颗星星是"不动"的，那就是北极星。

　　北极星看上去不动，其实是因为它正对着地球的地轴，它的位置几乎不会因为地球的自转而发生变化，所以人们常常用北极星来辨别方向。

北半球　地轴
地心
赤道平面
南半球

试一试：

相当于北极星

相当于地轴

　　请你站在灯下原地旋转，观察头顶灯的位置，以及其他物体的位置变化。

　　你会发现，头顶灯的位置没有变，而周围的物体看起来好像在旋转。

通过观察星象，古人还发现了四季变换的规律。（实际上也是地球自转的结果。）

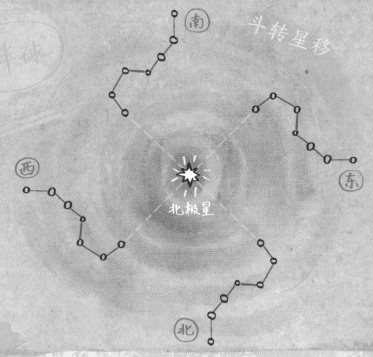

北半球

斗转星移

南

西

东

北

北极星

斗柄东指，天下皆春；

斗柄南指，天下皆夏；

斗柄西指，天下皆秋；

斗柄北指，天下皆冬。

南半球

在南半球的很多国家，人们看不到北极星，但能看到南十字座，同样，南十字座也能指示方向。所以，澳大利亚、新西兰、巴西、巴布亚新几内亚、萨摩亚等国家的国旗上都有南十字座。

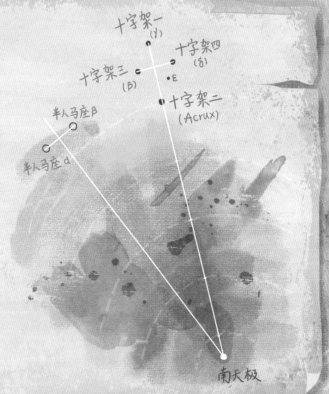

十字架一
(γ)

十字架四
(δ)

十字架三
(β)

3

半人马座β

十字架二
(Acrux)

半人马座α

南天极

(北)

定β
shū
天枢α

⑪
⑦
②
⑤
④
①
③
⑥
⑨
⑩

勾陈一

β a

提示: 先找到北斗七星,
再找到斗勺最前面的两颗星,
在它们之间画一条线, 然后把
这条线延长大约五倍, 你就可
以找到北极星了。

93

隐约中，我被一个巨大的黑影托起……

坚硬厚实的背甲

尾

四肢桨状，能划水

第8章

指南针

地点：地球　天气：晴转多云，局部有暴雨

"呸，好咸！"我从嘴里吐出咸咸的海水，艰难地坐起来。

"蛋黄派？蛋黄派？"我心急如焚地喊了两声，随即看到不远处有个黄色的球，在白色的沙滩上格外引人注目。

蛋黄派脸朝地，屁股朝上，半埋在沙子中。我隐约看到蛋黄派屁股下面好像写着一串数字，于是连忙跑了过去，刚想凑近些仔细看看，蛋黄派却一下子飞了起来——

"啊——啊——我要窒息了——"

"蛋黄派！蛋黄派！我们得救了！"我高兴地喊道，"不过，是谁救了我们呢？"

蛋黄派摇了摇头，"不知道，我落水后就自动开启了休眠模式。"

我刚要开口说点什么，这时候突然想起来我们还要返回飞船，"蛋黄派，我们现在该往哪个方向走？飞船在哪边？"

"西北方向"，紧接着，蛋黄派又说，"不过，我们现在在另外一个小岛上。"

"什么？另外一个小岛？"我惊讶地张大了嘴。

"也就是说——飞船——不在这里？！"

放眼望去，四周是**一望无垠**的大海，如果说要从这里游泳去另一个岛，那简直就是**天方夜谭**！我像泄了气的皮球一样，瘫坐在沙滩上，蛋黄派突然喊道："小狸，快看！"

"船！"有一条船正在向我们这边驶来！我激动得眼泪差点儿飞出来，禁不住手舞足蹈。但紧接着，海面上出现了五艘、十艘、二十艘……

一会儿的功夫，海面上竟然出现了上百艘船！密密麻麻，犹如天上的繁星，声势浩大！

我和蛋黄派看呆了，当我们想要躲起来时已经来不及了……

"什么人？报上名来！为何擅自闯入禁区？"一个威武的人站在一艘巨大的宝船上，居高临下地看着我们。只见那人头戴黑色官帽。身穿白色官袍，腰间配有一把宝剑，身后披着火红的披风，**威风凛凛**(lǐn)，**气势非凡**！

"啊……我们不是……我们是……"我紧张得**语无伦次**，还没等我说清楚，我和蛋黄派就被强行带到了船上……

"就是这样。"我磕磕巴巴地把事情的来龙去脉跟这位威武的船队统领说了一遍。

"这么说，你们是迷路了？"

"嗯！嗯！"我连忙点头。

"你们说的那个地方我正好知道，可以顺路把你们送回去。"船队统领很轻松地说。

我看了一眼蛋黄派，确定自己没有听错。为了表示感谢，我连忙从书包里翻出数学星球的金币，船队统领却摆了摆手，"这只是举手之劳而已。"

这时，一个士兵急匆匆地跑来，"报告！前方风暴即将来临，请下令调转方向！"

这突如其来的意外使我又担心起来。

"如果改变航行方向，我们还回得去吗？"

"不用担心。"只见船队统领走到一个操控台旁，指了指上面那个圆盘。圆盘正中间有一个指针，周围一圈被平均分成了 24 格，分别对应着 24 个汉字。

"这是钟表吗？"我好奇万分。

"这是指南针！"蛋黄派在一旁说道。

"嗯，没错，有了指南针，我们就不用担心迷失方向了。"船队统领一声令下，紧接着，船队改变了航向，驶离了风暴即将来临的区域。

我趴在宝船的栏杆上，任由咸咸的海风吹在脸上，我的身体不由得放松了下来。我轻轻地闭上眼睛，陶醉在海浪的击打声和头顶海鸥清脆的叫声中……

"叮叮叮叮……"

这时，传来一阵细微的指针碰撞的声音。

这个声音是从指南针里发出来的，我探头看向表盘，禁不住倒吸了一口凉气——指针在不停地左右转圈！这是怎么回事？

我立刻将这个发现告诉了船队统领，他却淡定地说："指南针应该是受到了**干扰**。没关系，如果咱们运气好，晚上没有云，就可以根据星星来辨别方向。"

"那如果运气不好呢？"我连忙问道。

"那我们就继续航行，继续探险，等到晴天……"

船队统领后面说的话我一句也没有听进去，如果不赶快回到飞船里，谁知道还会发生什么意外！

这时，蛋黄派在我耳边悄悄地说："放心吧，我知道方向。"

指南针 为什么能 帮我们 辨别方向？

我们所在的地球是一个磁性天体，它有两个性质相反的磁极。

地球磁场就像地球内部的条形磁铁，"条形磁铁"的北极指向地球南磁极；"条形磁铁"的南极指向地球北磁极。

磁北地南，磁南地北

北磁极

地轴

地球北极

地球

磁针

N

S

地球南极

南磁极

指南针的 发展历程：

人们将天然磁石制成了勺子的形状，这就是古代的指南针——司南。

天然磁石

（1）司南：

用天然磁石做成的勺形指针

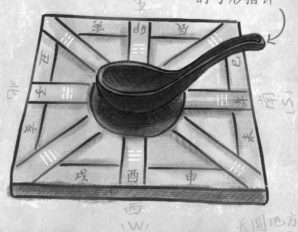

天圆地方

戌　酉　申

（W）

司南——中国古代四大发明之一

(2) 水罗盘： 利用磁针漂浮在水面上自由旋转来指向，但水罗盘指针很容易受到风的影响而发生偏移。

指南鱼

鱼状磁针

将磁化的薄铁片做成鱼形，鱼头指南，鱼尾指北。

侧视图　水

水浮式指南针

磁化的铁针

侧视图　水

(3) 旱罗盘：

将磁针用铜钉支撑起来，使磁针能够自由旋转，无需用水。

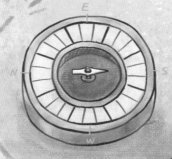

磁针

侧视图　铜钉

(4) 指南针：

中西合璧式旱罗盘

问 指南针的指针指向北偏西18度时，它对应的是哪个字？

观察下图中指南针的指针所指的方向，如果指针指向北偏西18度，它对应的是哪个字呢？

提示：一圈为360度；每个汉字两侧的刻度线延长后形成的夹角为15度。

第9章

回家

地点：地球　天气：晴

　　蛋黄派仿佛能够感知到地球上的某种力量，它轻松地指挥着船队沿着正确的方向继续前行。

　　航程很顺利，不一会儿，我们就回到了飞船所在的小岛。我们向船队统领一再道谢，并挥手向他道别。

　　船队渐渐驶离了小岛，我们远远地听到船队统领的声音："咦？指南针又恢复正常了，哈哈！"

　　蛋黄派带着我找到了飞船停放的地方，只见几片大芭蕉树的叶子将飞船遮掩得严严实实，飞船完好无损，这真是个隐蔽的好地方！

　　我兴高采烈地进入飞船，脑袋里突然冒出一个问题："对了，蛋黄派，既然你有定位功能，那你应该也能找到你的家呀？"

　　"按道理来说确实如此，但是……我不记得了……"蛋黄派不好意思地说。

　　"等一下，蛋黄派你过来，我想起一件事……"

　　我不顾蛋黄派的挣扎，将它倒转过来。

　　"啊？干吗？哎呀，干吗呀？"

难道是……

"哈哈，果然如此！"原来，蛋黄派的身上不光有编号，它的屁股下面还有一串淡淡的数字：30° 11′ 16″ N，120° 11′ 12″ E。

"这难道是蛋黄派家的具体位置？"我自言自语道。抱着试一试的想法，我在飞船系统里输入了这串数字，没想到系统显示："成功定位地球坐标！"飞船系统的时间也自动切换成了地球的时间！

"哇，太棒了！"我满怀期待地按下了穿越按钮——

　　一眨眼的功夫，飞船穿越到了另一个地方。这里的建筑和我之前见过的都不一样。

　　远处有一座蓝白相间的高塔，它像巨人一样矗立着，塔顶的造型好像一个半圆形的脑袋，左右两侧有两只圆圆的耳朵。塔顶的中央还有一个大大的红色圆环，那个圆环在闪闪发光。

　　"就是那里！就是那里！那就是我的家！"蛋黄派指着高塔，在我旁边激动地嚷嚷着，"小狸，我带你去我家里看看，我有很多神奇的好朋友要介绍给你呢！"

　　我很高兴能够认识蛋黄派的那些神奇的朋友们，但快乐的时光总是短暂的。临走前，蛋黄派送给了我一个类似对讲机的设备，它说有了这个东西，我们就可以随时保持联络。

　　我走进飞船，轻轻挥手，跟蛋黄派告别。尽管依依不舍，但最终，我还是按下了返回数学星球的穿越按钮……

　　转瞬之间，我又回到了数学星球。

　　我推开家门，故作自然地和爸爸妈妈打了声招呼，然后回到了自己的卧室。数学星球的生活一如既往地平静，仿佛我经历的一切都是一场梦，什么都不曾发生。

　　我一屁股坐在书桌前，被书包里硬硬的东西硌了一下。我突然想起蛋黄派临别时送给我的那个对讲设备，连忙把它从书包里拿了出来——

　　"喂？喂？蛋黄派？在吗？"

可是，对讲设备里除了"滋滋滋"的噪声，任何回音都没有。

"难道是因为距离太远了，接收不到信号？唉……"

我长叹了一口气，有些沮丧地关掉了手中的对讲设备，脑海里不断浮现出和蛋黄派一起冒险的情景，视线突然变得模糊了，好像有什么东西从眼眶里流了出来，一滴滴划过脸颊——

"吧嗒，吧嗒……"

"蛋黄派……它会想我吗？"

如何定位地球上的位置?

通过经度、纬度的坐标系统，可以确定地球上的任何一个位置。

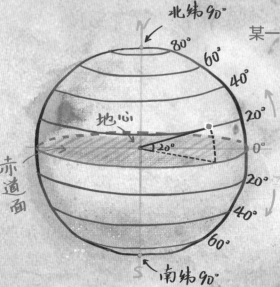

纬度：

赤道一圈为 0° 纬线，赤道以北为北纬；赤道以南为南纬。

某一点的纬度：指的是该点与地球地心的连线和地球赤道面所成的线面角。

北纬 90°
80°
60°
40°
20°
地心
20°
0°
20°
40°
60°
赤道面
南纬 90°

某一点的经度：指的是该点所在的经线平面与 0° 经线所在平面的夹角。

180°经线
(0°经线)
本初子午线
80°
60°
40°
40°
20°
0°
20°
40°
60°
80°
地心
赤道

经度：

本初子午线为 0° 经线，向东为东经，向西为西经，最终东西经在 180° 经线重合。

某点所在的经线平面

0° 经线平面

古巴比伦 六十进制

经纬度分别从纵横两个方向上把地球分成了 360 份和 180 份，但是每两个经度或每两个纬度之间的跨度还是非常大的。所以，在"度"以下，还可以精确到"分"和"秒"。

60 秒为 1 分，60 分为 1 度

60"=1'
60'=1

问 东经120°，北纬30° 对应的是哪个城市？

请根据题目中的地理坐标，在下图中寻找其对应的城市。

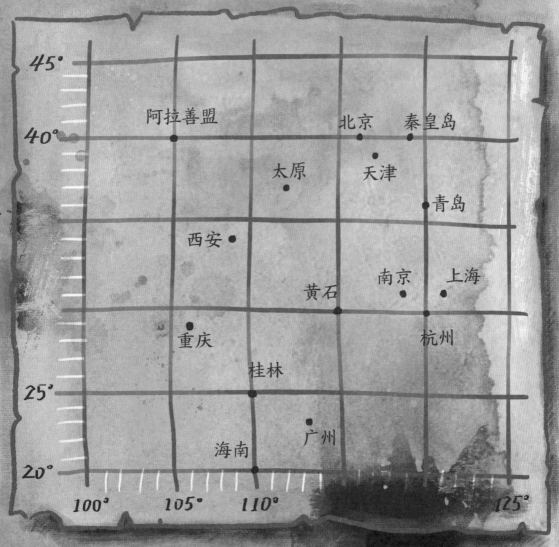

阿拉善盟

北京　秦皇岛

太原　天津

青岛

西安

南京　上海

黄石

重庆　杭州

桂林

海南　广州

45°　40°　25°　20°

100°　105°　110°　125°

解密

问 每一章的问题你都知道吗？

请将下一页的答案拼图沿着虚线剪开，并将这些拼图按照如下图所示的顺序摆放，你发现了什么呢？

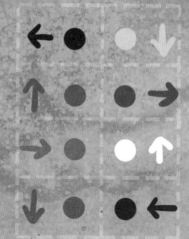

小提示

△答案和□色解东

△答案的方向和箭头的方

扫码查看讲解视频